溶解一切的小精灵

韩国赫尔曼出版社◎著　　金银花◎译

北京科学技术出版社

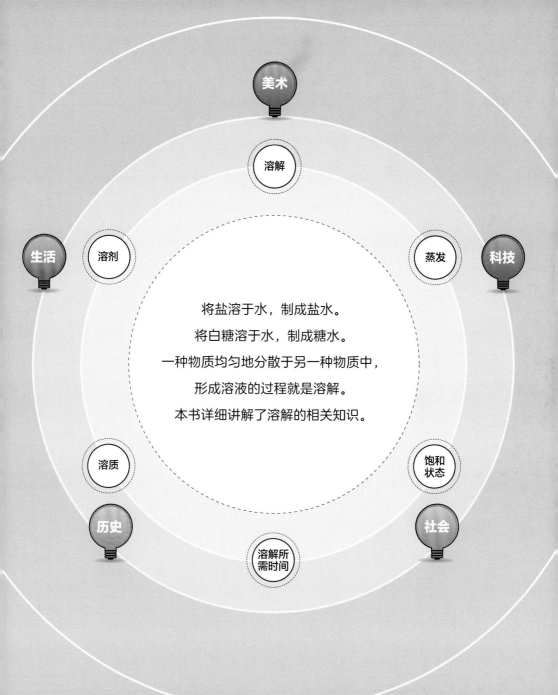

美术

溶解

生活

溶剂

蒸发

科技

将盐溶于水，制成盐水。

将白糖溶于水，制成糖水。

一种物质均匀地分散于另一种物质中，

形成溶液的过程就是溶解。

本书详细讲解了溶解的相关知识。

溶质

饱和
状态

历史

社会

溶解所
需时间

在一片茂密的橡树林中，
几个小精灵小心翼翼地搬运着一个大大的蛋糕。
马上就是高帽子老师的生日了。
为了给高帽子老师庆祝生日，
树林里的小精灵们计划举办一场派对，并表演歌舞。
小精灵莎拉最不擅长唱歌跳舞了，
她快快不乐地望着其他练习歌舞的小精灵。
"高帽子老师过生日……
我送他什么礼物好呢？"

我也想唱歌跳舞，
可是……

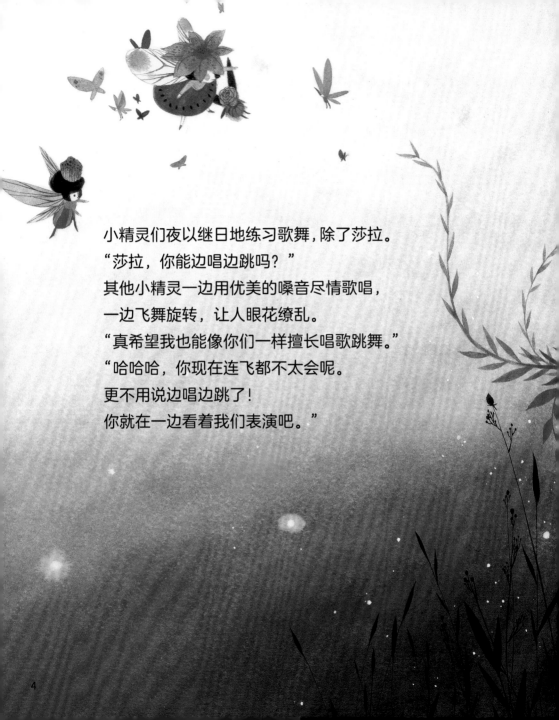

小精灵们夜以继日地练习歌舞，除了莎拉。
"莎拉，你能边唱边跳吗？"
其他小精灵一边用优美的嗓音尽情歌唱，
一边飞舞旋转，让人眼花缭乱。
"真希望我也能像你们一样擅长唱歌跳舞。"
"哈哈哈，你现在连飞都不太会呢。
更不用说边唱边跳了！
你就在一边看着我们表演吧。"

这天晚上，莎拉独自坐在草叶上，
抬头望着皎洁的月亮。
"月亮啊月亮，为什么我既不会飞，
又没有优美的嗓音，还不会跳舞呢？
这样下去，我还能成为出色的小精灵吗？"
月亮轻声细语地安慰莎拉：
"莎拉，你一定能！
你仔细想想自己到底擅长什么。"

你一定能！

第二天，妈妈出门后，
莎拉独自坐在桌边用可可粉做饮料。
"我擅长什么呢？
我只擅长做饮料，做一杯好喝的饮料。"
莎拉陷入了沉思，
心不在焉地把凉水倒入可可粉中。
可可粉没有溶解，全浮在水面上。

生活
小贴士

可可豆是可可树的种子，经过去油、碾碎等工序，制成
的粉状物被称为可可粉。可可粉气味芬芳，口感细腻顺
滑，因此广泛用于制作饮料、糕点等。可可粉可以用热
水冲泡，水煮 4~5 分钟后味道更佳。

"糟糕！不小心倒了凉水。

可可粉在凉水中不易溶解……"

莎拉再倒入一点儿热水，然后用小树枝轻轻搅拌。

可可粉慢慢溶解了。

突然，莎拉灵机一动，想出了一个好主意。

科学
小贴士

像水这样的能溶解物质的液体被称为溶剂。像可可粉
这样的能溶于溶剂的物质被称为溶质。可可粉溶于水，
即溶质溶于溶剂的过程被称为溶解。像热可可、糖水
这样由溶剂和溶质混合而成的液体被称为溶液。

终于到了高帽子老师的生日，盛大的生日派对开始了。

"高帽子老师，祝您生日快乐！

我们为您准备了一场歌舞表演。"

小精灵们悠然飞上天，

开始边唱歌边跳舞。

她们的表演相当精彩。

高帽子老师一边鼓掌一边称赞：

"你们肯定下了大功夫。非常感谢你们！

不过，怎么没看见莎拉呢？"

这时，莎拉扭扭捏捏地从其他小精灵身后走出来。

"高帽子老师，我也为您准备了表演。"

"莎拉究竟要做什么？

她又没有什么特长。"

其他小精灵窃窃私语，嘲笑莎拉。

莎拉从口袋里拿出盐、白糖和可可粉。

"接下来，我要溶解这些粉末。"

莎拉将这些东西分别放进杯子，然后往杯子里倒入热水，

最后用小树枝轻轻搅拌。

"看，粉末很快就溶解了。是不是？"

我试着来溶解它。

科学小贴士

白糖、盐、可可粉等粉末在热水中溶解得更快更彻底，因为热水中分子的运动更剧烈。

"哈哈哈！"旁边的小精灵们忍不住笑出了声。
"这算什么？谁不会溶解白糖和盐？
白糖和盐在水中当然会溶解了。"
莎拉把杯子里的液体全部倒掉，
接着边倒入另外一种液体边说：
"那你们试试在这里溶解盐。"
有一个小精灵把盐放进杯子里，
用小树枝搅拌了几下，
只见盐并没有溶解，而是沉到了杯底。
大家都很惊讶：
"咦？真奇怪！盐怎么不溶解呢？"

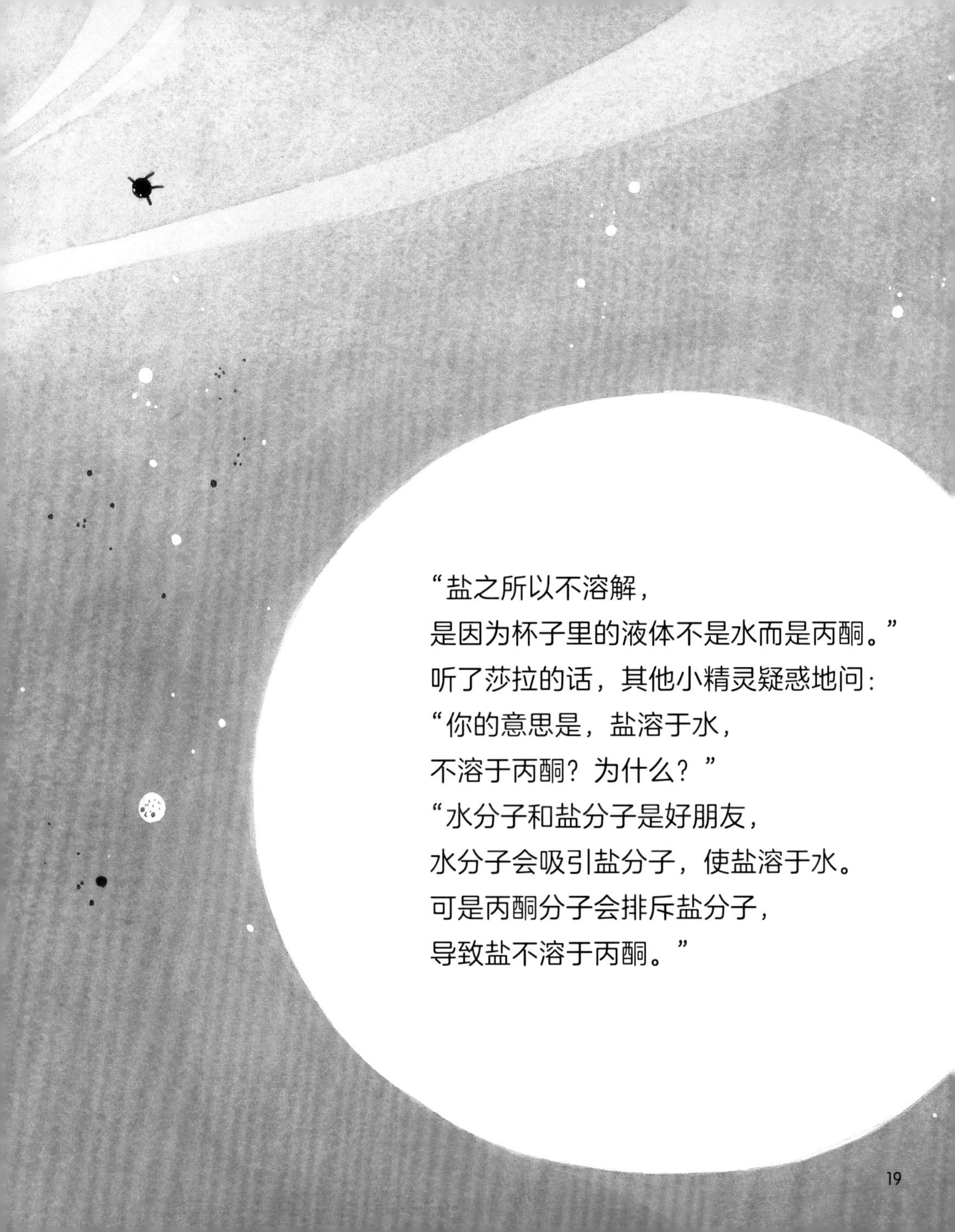

"盐之所以不溶解，
是因为杯子里的液体不是水而是丙酮。"
听了莎拉的话，其他小精灵疑惑地问：
"你的意思是，盐溶于水，
不溶于丙酮？为什么？"
"水分子和盐分子是好朋友，
水分子会吸引盐分子，使盐溶于水。
可是丙酮分子会排斥盐分子，
导致盐不溶于丙酮。"

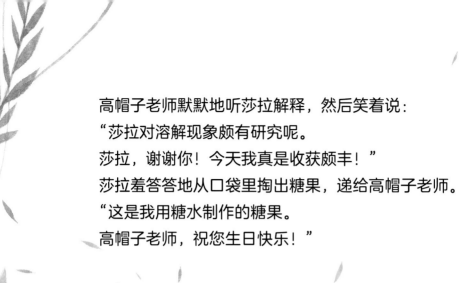

高帽子老师默默地听莎拉解释，然后笑着说：
"莎拉对溶解现象颇有研究呢。
莎拉，谢谢你！今天我真是收获颇丰！"
莎拉羞答答地从口袋里掏出糖果，递给高帽子老师。
"这是我用糖水制作的糖果。
高帽子老师，祝您生日快乐！"

糖溶解所需的时间由糖颗粒与水接触的面积决定。例如，白糖颗粒小，与水接触的面积大，所以白糖比方糖溶解得快。而且，如果用筷子搅拌，可以加快分子运动，让白糖溶解得更快。

高帽子老师，祝您生日快乐！

高帽子老师回家后对他的夫人说：
"夫人，今天莎拉小精灵送给我她亲手
制作的糖果，味道好极了。
我也想给你制作甜甜的糖果。"

夫人，我想给你制作甜甜的糖果。

真的吗？

历史小贴士

甘蔗是制作白糖的主要原料。14世纪中叶，欧洲开始制作糖果。到了18世纪后期，专门制造糖果的机器被发明出来，从此糖果开始大批量生产、销售。

高帽子老师把白糖和水分别倒入碗里，然后用小树枝轻轻搅拌。

可是，不管他怎么搅拌，白糖始终没有完全溶解。

夫人歪着头，疑惑地问：

"我还能吃上你做的糖果吗？"

"没办法。我要去问问莎拉制作糖果的具体方法。"

高帽子老师说完立刻去找莎拉。

胳膊好酸啊！我搅拌了半天，白糖还是没有完全溶解。

科学小贴士

溶质如果太多，就无法在溶剂中完全溶解。像这种物质无法再继续溶解的状态被称为饱和状态。在饱和状态下，溶剂分子之间充满了溶质分子，没有多余的空间继续容纳更多的溶质分子，因此溶质就不能完全溶解，没有溶解的那部分溶质就会沉淀在溶剂中。如果想让溶质彻底溶解，可以再倒入一定量的溶剂。

高帽子老师找到了莎拉，向她询问制作糖果的具体方法。

莎拉向高帽子老师做了仔细说明。

高帽子老师称赞莎拉：

"莎拉，你果然对科学知识了如指掌。

我们小精灵学校要开设一门科学课程，

你来给大家讲课怎么样？"

听到高帽子老师的话，莎拉非常高兴。

科学小贴士

盐田制盐的过程是一种溶剂蒸发过程。经过阳光照射，海水中的水分逐渐蒸发掉，最后只剩下盐。甘蔗和甜菜含有糖，对甘蔗汁和甜菜汁进行几番过滤后蒸发掉其中的水分，可以获得我们生活中常吃的糖。

生活
小贴士

牛奶是含有蛋白质、维生素、钙等丰富营养成分的食品。如今，我们可以在市面上买到巧克力牛奶、草莓牛奶、香蕉牛奶等。但是，这些牛奶饮品并非巧克力、草莓、香蕉等直接与牛奶混合而成，而是通过在牛奶中加入人工色素、香精等添加剂制成的。

几天后，小精灵学校开设了科学课程。

莎拉向其他小精灵讲解有关溶解的知识。

"大家看到了吗？水温越高，溶质溶解得越快！"

莎拉在一杯热牛奶里加入适量草莓粉，

制成可口的草莓牛奶；

在另一杯热牛奶里加入适量香蕉粉，制成了香甜的香蕉牛奶。

小精灵们开开心心地享用着草莓牛奶和香蕉牛奶，称赞她：

"莎拉，你真棒！"

으뜸 사이언스 20 권

Copyright © 2016 by Korea Hermann Hesse Co., Ltd.

All rights reserved.

Originally published in Korea by Korea Hermann Hesse Co., Ltd.

This Simplified Chinese edition was published by Beijing Science and Technology Publishing Co., Ltd.

in 2022 by arrangement with Korea by Korea Hermann Hesse Co., Ltd.

through Arui SHIN Agency & Qiantaiyang Cultural Development (Beijing) Co., Ltd.

Simplified Chinese Translation Copyright © 2022 by Beijing Science and Technology Publishing Co., Ltd.

著作权合同登记号 图字：01-2021-5225

图书在版编目（CIP）数据

如果化学一开始就这么简单. 溶解一切的小精灵 / 韩国赫尔曼出版社著；金银花译. —北京：
北京科学技术出版社，2022.3
ISBN 978-7-5714-1996-7

Ⅰ. ①如… Ⅱ. ①韩… ②金… Ⅲ. ①化学—儿童读物 Ⅳ. ① O6-49

中国版本图书馆 CIP 数据核字（2021）第 259481 号

策划编辑：石 婧 闫 娉	电 话：0086-10-66135495（总编室）
责任编辑：张 芳	0086-10-66113227（发行部）
封面设计：沈学成	网 址：www.bkydw.cn
图文制作：杨严严	印 刷：北京宝隆世纪印刷有限公司
责任印制：张 良	开 本：710 mm×1000 mm 1/20
出 版 人：曾庆宇	字 数：20 千字
出版发行：北京科学技术出版社	印 张：1.6
社 址：北京西直门南大街 16 号	版 次：2022 年 3 月第 1 版
邮政编码：100035	印 次：2022 年 3 月第 1 次印刷
ISBN 978-7-5714-1996-7	

定 价：96.00 元（全 6 册）